Thomas Herdieckerhoff

Aus der Reihe: e-fellows.net stipendiaten-wissen

e-fellows.net (Hrsg.)

Band 227

Anthropogene Waldzerstörung am Beispiel des borealen Nadelwaldes

GRIN Verlag

Bibliografische Information der Deutschen Nationalbibliothek:

Die Deutsche Bibliothek verzeichnet diese Publikation in der Deutschen National-
bibliografie; detaillierte bibliografische Daten sind im Internet über http://dnb.d-
nb.de/ abrufbar.

Impressum:

Copyright © 2010 GRIN Verlag GmbH
Druck und Bindung: Books on Demand GmbH, Norderstedt Germany
ISBN: 978-3-656-00868-2

Dieses Buch bei GRIN:

http://www.grin.com/de/e-book/178668/anthropogene-waldzerstoerung-am-beispiel-
des-borealen-nadelwaldes

Anthropogene Waldzerstörung am Beispiel des borealen Nadelwaldes

Gymnasium Neubiberg

Abiturjahrgang 2009/2011

Seminararbeit

**aus dem W-Seminar
„Der Einfluss des Klimawandels
auf Arktis und Antarktis"**

ANTHROPOGENE
WALDZERSTÖRUNG
AM BEISPIEL
DES BOREALEN NADELWALDES

Verfasser: Thomas Herdieckerhoff

Abgabetermin: 09.11.2010

Inhaltsverzeichnis

1 **Einleitung**

Die menschliche Existenz ist eng verbunden mit den lebensfreundlichen klimatischen Bedingungen, die der Planet Erde aufweist. Durch den natürlichen Treibhauseffekt[1] der Erdatmosphäre wird die Wärmeabstrahlung eingedämmt, sodass die globale Oberflächentemperatur etwa 14,5°C statt -18°C beträgt. Erst diese Verhältnisse ermöglichten die evolutorische Entwicklung von Einzellern und Mikroorganismen bis zur heute existierenden Biodiversität. Der Mensch sticht dabei als besonders hoch entwickeltes Lebewesen heraus, indem er seine natürliche, in eine ihm zweckdienliche Umwelt umgestaltet. Über Jahrtausende geschah dies auf lokalem oder höchstens regionalem Niveau.[2] Doch seit Beginn der Industrialisierung lässt sich ein extremer Anstieg in der Intensität

Abbildung 1: Intensive Landnutzung

und der Ausdehnung der anthropogenen Landnutzung beobachten, dessen Auswirkungen weit über dieses Niveau hinausgehen und globale Effekte haben. So hat sich zum Beispiel die landwirtschaftlich genutzte Ackerfläche (Abb.1) seit 1700 von 265 Millionen Hektar auf über 1471 Millionen Hektar mehr als verfünffacht, was etwa der doppelten Fläche des gesamten australischen Kontinents entspricht. Auch die extensive Landwirtschaft wurde in dieser Zeitspanne auf das sechsfache ausgeweitet - weltweit von 524 Millionen Hektar auf 3451 Millionen Hektar.[3]

Besonders gravierenden negativen Einfluss übt der Mensch dabei auf das Ökosystem Wald, dessen ungemein hoher Nutzfaktor zu zunehmend exzessiver Bewirtschaftung führt. Rasantes Bevölkerungs- und Wirtschaftswachstum, welche sowohl die Zahl der Konsumenten als auch den pro-Kopf Verbrauch von Ressourcen steigen lassen, sind die wesentlichen Gründe für diese Entwicklung. Diese Seminararbeit konzentriert sich auf das Auftreten anthropogener Zerstörung im größten zusammenhängenden Waldsystem der Welt, der Waldzone des borealen Nadelwaldes.

---

1 Treibhausgase absorbieren und reflektieren die von der Erde abgestrahlte Wärme teilweise

2 Müller, C., *Climate Change and Global Land-Use Patterns*, S.21ff

3 www.agu.org, *Global Biogeochemical Cycles*

2 <u>Einführung und Definition</u>

2.1 <u>Ökosystem Wald</u>

2.1.1 *Funktionsweise des Systems*

Zunächst gilt es, sich mit der Funktionsweise des Ökosystems Wald auseinander zu setzen. Zum einen zeichnet sich das Ökosystem durch seine Offenheit gegenüber Verände-
rung durch äußere Einflüsse aus[4]. Es ist andererseits jedoch auch dynamisch und somit
auch ohne äußere Einflüsse entwicklungsfähig. Weiterhin wirken sämtliche Mechanis-
men und Strategien der Ökologie in vielfältigen Beziehungen und Wechselwirkungen
auf den Wald. Aufgrund dieser Eigenschaften stellt sich über eine sukzessive und evolutorische Entwicklung, nach und nach die optimale Ausnutzung der Ressourcen ein,
das ökologische Optimum bzw. die Klimaxgesellschaft. „Im ungestörten Klimaxstadium
regulieren sich Ökosysteme von selbst (Selbstregulation)."[5]

2.1.2 *Anthropogene Störung des Systems*

Diese wird jedoch nicht erreicht, wenn der Mensch als störender Faktor von außen in
den Prozess der Sukzession und Evolution eingreift, indem er dem Wald Ressourcen
entnimmt, zuführt oder die Rahmenbedingungen wie zum Beispiel die klimatischen
Bedingungen verändert. Die Störung des ökologischen Gleichgewichtes in diesem Lan-
dökosystem ist wiederum unweigerlich mit Rückkopplungen auf das Klima verbunden,
da es abgesehen von den Ozeanen den größten Einfluss auf globale Prozesse nimmt und
wichtige Funktionen erfüllt[6].

2.1.3 *Funktionen des Systems*

Aufgrund seiner starken Durchwurzelung verhindert der Waldboden Erosion und
Bodenabtrag durch Wasser und Wind und schützt somit vor Steinschlag und Boden-
rutschungen in Hanglagen. Bäume können zudem die Entstehung von Schneelawinen
verhindern oder deren Wucht wesentlich abschwächen. Eine andere bedeutende Fähig-

---

4 www.uni-protokolle.de, *Ökosystem. Definition*
5 www.uni-protokolle.de, *Sukzession. Sukzession (algemeinbiologisch)*
6 www.hamburgerbildungsserver.de, *Wälder. Wald und Klima*

keit der Wälder ist ihre Wasserspeicherleistung, die durch die weit verzweigten Hohl-raumsysteme und die Auflockerung des Bodens durch große und kleine Baumwurzeln ermöglicht wird. Hierdurch können auch starke Gewitterregen aufgenommen werden und die Gefahr von Hochwassern wird verringert. Außerdem versickern nur etwa 33% des Wassers im Boden, da es bereits zu etwa 34% Interzeptionsverlust[7] und 33% Tran-spirationsverlust[8] kommt, was den eben genannten Effekt noch verstärkt.

„Dank der natürlichen Filtration im bedeckten, gut durchwurzelten und mikrobiologisch aktiven Waldboden"[9] und seiner Durchlässigkeit bis zur Grundwasserschicht, kann auch von einer hervorragenden Wasserqualität profitiert werden.

Besonders entscheidend ist der Wald in seiner Rolle als Kohlen-stoffspeicher. Wie in Abbildung 2 zu sehen nehmen Bäume das Treibhausgas Kohlenstoffdioxid (CO_2), Sonnenenergie, Nähr-werte und Wasser auf, und sto-ßen als Abfallprodukt der Photo-synthese Sauerstoff wieder aus. Weil dies die Kohlenstoffdioxid-konzentration in der Luft verrin-gert, wird dadurch dem Treib-hauseffekt entgegengewirkt

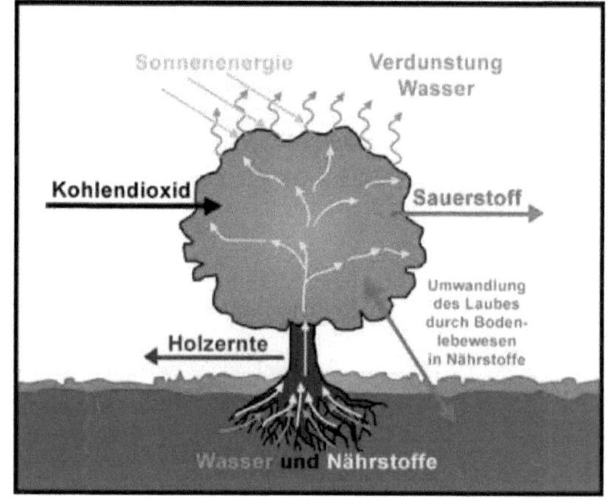

Abbildung 2: Kohlenstoffkreislauf eines Baumes

(Abb.10, S.24). Allein in den borealen Nadelwäldern sind derzeit mehr als 559 Gigaton-nen Kohlenstoff gespeichert.[10] Neben Kohlenstoffdioxid binden Wälder noch zahlreiche andere Schadstoffe und tragen zur Verbesserung der Luftqualität bei und erfüllen damit eine sog. Immissionsschutzfunktion.

Zuletzt beheimatet das Ökosystem Wald vielfältige Lebensformen in Flora und Fauna, die zum Teil speziell an die dort vorherrschenden Rahmenbedingungen angepasst oder sogar auf diese angewiesen sind.

---

7 *Verdunstung von Wasser auf den Oberflächen von Nadeln und Blättern*
8 *Verdampfung von Wasser durch Porenöffnungen nach Aufnahme durch den Boden*
9 www.bafu.admin.ch, *Trinkwasser aus dem Wald*
10 Physische Geographie und Humangeographie, *Die boreale Landschaftszone*, S.995

2.2 **Der boreale Nadelwald**

2.2.1 *Verbreitung*

Das Wort „Borealis" stammt vom griechischen „boréas" für Nordwind und bezeichnet die Klima- und Vegetationszone der nördlichen Nadelwälder (Abb.11, S.24). Sie umspannt die Erde als einzige klimatische Zone, die ausschließlich auf der Nordhemisphäre existiert[11], in einem vom Meer unterbrochenen, zirkumpolaren Gürtel[12]. In dieser Landschaftszone „bilden die nördlichen Waldländer mit etwa 13,7 Millionen Quadratkilometern das flächenmäßig größte globale Waldökosystem"[13]. 60% der Wälder liegen in Russland 30% in Kanada und die restlichen 10% in Skandinavien, Island, den baltischen Staaten und Alaska.[14] Unter dem ursprünglich nur für den sibirischen Nadelwald verwendeten Begriff „Taiga", der sich ursprünglich vom jakutischen Wort für Wald ableitet, versteht man heute auch den borealen Nadelwald in seiner Gesamtheit. Seine Ausdehnung wird im Norden bei bis zu 73°N durch die Waldtundra und anschließend die baumlose Tundra begrenzt, deren klimatische Verhältnisse[15] Baumwuchs zunehmend seltener machen und den Übergang in die polare Zone einleiten. Im Süden liegt die Grenze an der Ostseite des eurasischen und des nordamerikanischen Kontinents jeweils bei ca. 50°N, während sie an der Westseite etwas nördlicher bei circa 60°N liegt, was auf die warmen, klimamildernden Meeresströmungen - den Kuro-Schio und den Golfstrom - im Westen dieser Kontinente zurückzuführen ist. Die Taiga wird hier von sommergrünen Laub- und Mischwäldern abgelöst, die sich aufgrund der relativen ökologischen Ungunst der hohen Breitenlage[16] nicht weiter nach Norden ausbreiten können. Die Nord-Südausdehnung des borealen Waldes liegt etwa zwischen 700 Kilometer, in Nordamerika und 2000 Kilometer, im Osten Eurasiens.

2.2.2 *Klima*

Aufgrund seiner weltweiten Ausbreitung auf etwa 13,7 Millionen Quadratkilometern, ist es nicht möglich die Taiga als eine einzige Klimazone zu klassifizieren. Charakteristisch

---

11 *Auf den gleichen Breitengraden der Südhalbkugel kann sich mangels Landmasse nicht das für diese Vegetationsformation charakteristische winterkalte Kontinentalklima einstellen*

12 Kreuzmayr, B., *Der boreale Wald : Ökosystem und Nutzungsraum,* S.4

13 Physische Geographie und Humangeographie, *Die boreale Landschaftszone,* S.995

14 Kreuzmayr, B., *Der boreale Wald : Ökosystem und Nutzungsraum,* S.4

15 *Weniger als 30 Tage mit einer Tagesmitteltemperatur von über 10°C*

16 *Weniger als 120 Tage mit einer Tagesmitteltemperatur von über 10°C*

für die boreale Zone ist jedoch ein kaltgemäßigtes, extrem kontinentales Klima, welches abseits der Küsten relativ niederschlagsarm ist und sein Niederschlagsmaximum im Sommer erreicht. Die Jahresniederschlagsmenge beläuft sich auf nur etwa 250 bis 500 Millimeter, was aber aufgrund der geringen Verdunstung in der kühlen Luft trotzdem zu einem humiden Klima führt. In hochkontinentalen Regionen kann die Jahrestemperaturamplitude mehr als 100°C erreichen, da die Winter immer kälter und die Sommer immer wärmer werden, je kontinentaler der Ort liegt[17]. Nähert man sich den Ozeanen nimmt der Grad der Maritimität zu, die Sommer werden kühler, die Winter milder. Die Niederschlagsmenge nimmt im Gegensatz zur Jahrestemperaturamplitude aber deutlich auf bis zu 800 Millimeter zu[18]. Abgesehen von der Kontinentalität sind die klimatischen Verhältnisse zusätzlich von der geographischen Breite abhängig; die Temperaturmaxima und Dauer der Sommer steigen in Richtung Süden. Die eben aufgezeigten klimatischen Gegensätze innerhalb der borealen Zone werden deutlich, wenn man die beiden russischen Orte Olekminsk (Abb.12, S25) im hochkontinentalen Raum und Vladivostok (Abb.13, S.25) im maritimen Raum, an der Pazifikküste, betrachtet.

2.2.3 *Vegetation*

Die relativ ungünstigen klimatischen Verhältnisse, „mit kurzer Vegetationsperiode, extrem niedrigen Wintertemperaturen, geringer Nährstoffverfügbarkeit und langen Stoffumsatz- und Regenerationsraten"[19] schränken die Biodiversität und die Produktivität des borealen Nadelwaldes im weltweiten Vergleich deutlich ein. Den größten Anteil an der Baumschicht nehmen die vier Koniferengattungen Fichte, Kiefer, Lärche und Tanne ein. Im Gegensatz dazu können in tropischen Regenwäldern mehrere hundert Baumarten auf einem Hektar wachsen, was die Artenarmut der borealen Zone noch einmal verdeutlicht. Die Koniferen sind mit Ausnahme der Lärche immergrün, was ihnen ermöglicht schon zu Beginn der Vegetationszeit Photosynthese zu betreiben. Die frostharten Nadelhölzer können extrem niedrige Temperaturen überdauern und ihre Transpiration kann durch xeromorphe, also verschließbare Nadelporen zurückgefahren werden. Da die Bäume außerdem erst nach zwei Jahren ihre Nadeln verlieren, herrscht ein generell niedrigerer Mineralstoffbedarf vor. Der Waldboden ist größtenteils flächendeckend

---

17 www.payer.de, *Das Ökosystem Wald. Klima*

18 www.hausarbeiten.de, *Die boreale Ökozone. Klima*

19 Gebhardt, H. et al., Physische Geographie und Humangeographie, *Die boreale Landschaftszone,* S.995

mit verschiedenen Flechten und Moosen bewachsen. Zudem existieren an einigen wenigen Stellen Laubhölzer wie zum Beispiel Espen, Birken, Pappeln, Weiden, Eschen und Erlen. Der Prozess der Zersetzung der Streu, die durch den Nadelabwurf der Bäume entsteht „dauert etwa 350 Jahre und läuft damit hundertmal langsamer ab als in mitteleuropäischen Laubwäldern"[20], was zu enormen Humusauflagen von bis zu 50 Zentimeter Dicke führen kann. In ihnen bleiben wichtige Nährstoffe wie Stickstoff, Kalium und Calcium organisch gebunden und somit unzugänglich für die Aufnahme durch Pflanzen. Da zu wenige Basen in den Boden zurückgeführt werden und manche Pilzarten zusätzlich Säuren bilden, entsteht insgesamt ein saurer Podsol mit niedrigen pH-Werten zwischen 3 und 4 (wobei 7 neutral ist). Dies und die Tatsache, dass in der borealen Klimazone fast ausschließlich Permafrostboden vorherrscht, der den Wurzelraum extrem beschränkt, führen zu einem Mineralstoffmangel für die Bäume. Daher wachsen sie schlanker als die entsprechenden mitteleuropäischen Nadelbäume und erreichen lediglich eine Höhe von 15 bis 20 Meter. „Um Konkurrenz im Wurzelraum zu vermeiden"[21], wird die Baumverteilung außerdem in Richtung Norden zunehmend lichter. Wenn im Frühjahr die Permafrostschicht oberflächlich 0,5 bis 1 Meter tief auftaut, entstehen großflächige Moore, die es den Wäldern teilweise unmöglich machen Fuß zu fassen.

3 Zerstörung des borealen Nadelwaldes durch anthropogene Einflüsse

Zwar findet sich in der borealen Zone immer noch ein riesiger unberührter Lebensraum und eine der niedrigsten Bevölkerungsdichten der Welt, doch erfährt sie seit der Industrialisierung ein zunehmendes Maß an anthropogener Zerstörung. Die Waldpolitik der borealen Staaten führt, durch ihre mangelnde Nachhaltigkeit zu einer Degradierung des Ökosystems.[22] Dies stellt eine Verletzung der Rechte der indigenen Völker dar und verursacht schlussendlich eine beschleunigte globale Erwärmung. Die Destruktion äußert sich durch mehrere schwere Eingriffe des Menschen in den Naturraum, die im Folgenden untersucht werden sollen.

---

20 www.process.vogel.de, *Borealer Nadelwald. Boden*
21 www.hausarbeiten.de, *Die boreale Ökozone. Vegetation*
22 www.taigarescue.org, *Taiga Rescue Network. Resource Extraction*

3.1 <u>Waldsterben durch sauren Regen</u>

Der erhöhte Energiebedarf seit Anfang des 19. Jahrhunderts wird zunehmend durch die Verbrennung fossiler Ressourcen befriedigt. Als Abfallprodukte des Energiegewinnungsprozesses entstehen Luftschadstoffe, die in die Atmosphäre gelangen. Zu den hauptsächlich emittierten Abgasen zählen (neben Kohlenstoffdioxid) Kohlenstoffmonoxid (CO), Ozon (O_3), Schwefeldioxid (SO_2) und mehrere Stickstoffoxide (NO_X), welche in höhere Luftschichten aufsteigen. Beim Durchdringen regenbildender Wolken löst sich das Schwefeldioxid in Wasser zu einer schwefeligen Säure, während das Gemisch aus Stickstoffoxiden in wässriger Lösung salpetrige Säuren ausbildet. Der so entstehende Niederschlag wird als „saurer Regen" bezeichnet. Die Nadeln und Blätter schützen sich mit einer feinen Wachsmembran und xeromorphen Spaltöffnungen vor dem Austrocknen. Durch die abregnenden Säuren wird die Wachsschicht zerstört und die Spaltöffnungen können sich an heißen Tagen nicht mehr zur Regelung des Wasserhaushalts verschließen.[23] Das Problem des Austrocknens wird durch die Niederschlagsarmut der Klimazone noch intensiviert. Doch auch das Sinken des pH-Werts des Bodens hat negative Auswirkungen auf den Baumbestand. Die erhöhte Acidität führt zur Auswaschung von verschiedenen Schwermetallsalzen, wie zum Beispiel Blei-, Quecksilber- und Cadmiumverbindungen. Über das Grundwasser greifen die entstandenen Gifte das Wurzelsystem an und schränken die Nährstoff- und Wasseraufnahme ein. Zusätzlich wird das Wachstum von Pilzen und Mikroorganismen gestört, die das tote, organische Material als Destruenten zersetzen und somit für die Nährstoffversorgung des Waldbodens unabdinglich sind. Auch Ozon und Kohlenstoffmonooxid greifen in den Stoffwechsel der Nadeln und Blätter ein und schädigen deren Zellmembranen. Zusammenfassend lässt sich also sagen, dass der ober- und unterirdisch durch Gifte und Säuren angegriffene boreale Wald weniger Nährstoffe und Wasser aufnehmen kann, obwohl er unter den vorliegenden Umständen einen höheren Bedarf bedienen muss, als im gesunden Zustand.[24]

Der Prozess des Waldsterbens vollzieht sich über vier Stadien, die anhand einer Fichte aufgezeigt werden sollen: In der ersten Stufe verliert der Baum 10 bis 25% seiner Nadeln, der Wipfel wird lichter und eine Gelbfärbung setzt ein. Ab einem Nadelverlust von 25 bis 60% und schlaff herunterhängenden Ästen spricht man, wegen der Ähnlich-

---

23 www.seilnacht.tuttlingen.com, *Waldsterben. Saurer Regen*
24 www.uni-koblenz.de, *Waldsterben. Ursachen des Waldsterbens*

keit mit Lametta, vom Lametta-Syndrom. Wenn über 60% der Nadeln verloren sind, beginnen die Verbleibenden sich braun zu färben und der Wipfel stirbt ab. Das letzte Stadium ist folglich das vollständige Verdorren und Absterben des Baumes. Hierbei ist jedoch zu beachten, dass die Stadien nicht determiniert nacheinander ablaufen müssen, sondern der Baum sich unter Umständen auch wieder erholen kann. Die Schwächung des borealen Nadelwaldes durch den sauren Regen hat jedoch nicht nur direkte, sondern auch indirekte Folgen. So haben die angegriffenen Waldgebiete eine verminderte Resistenz gegenüber Stresssymptomen und klimatischen Extrema. Als Beispiele hierfür lassen sich besonders trockene Sommer, harte Winter oder Schneebruch[25] anführen, die nun, in Folge der gesunkenen Widerstandsfähigkeit der Bäume, zu flächendeckendem Waldsterben führen können.

3.2 <u>Waldsterben durch anthropogene Klimaerwärmung</u>

Laut des vierten, im Jahre 2007 veröffentlichten IPCC-Berichts (Intergovernmental Panel on Climate Change) hat sich die globale Durchschnittstemperatur der Erdoberfläche zwischen 1906 und 2005 um etwa 0,74°C erhöht und stieg zwischen 1956 und 2005 schon mit 0,13°C pro Jahrzehnt an[26]. Diese Entwicklungen konnten die Wissenschaftler durch den anthropogenen Treibhauseffekt explizieren, der im Gegensatz zum bereits erwähnten natürlichen Treibhauseffekt, durch die seit der Industrialisierung steigende Konzentration von Treibhausgasen in der Atmosphäre verursacht wird. Die atmosphärische Absorption und Reflexion von abgestrahlter Erdwärme wird also durch den Menschen intensiviert. Die Forschungen haben weiterhin ergeben, dass sich der Prozess der Erwärmung zwar global, jedoch besonders in den nördlichen Gebieten vollzieht und sich noch beschleunigen wird. „Klimamodelle prognostizieren Temperaturerhöhungen von 5 bis 10°C in manchen Regionen des russischen sowie des kanadischen borealen Waldes innerhalb des nächsten Jahrhunderts. Die Wintertemperaturen in Alaska sind seit den 1960er Jahren bereits um etwa 4,5°C gestiegen"[27]. Hierzu soll ein Vergleich angeführt werden, um die Signifikanz dieses Maßes an Erwärmung nachvollziehbar zu machen: Seit der letzten Eiszeit vor 15000 Jahren, während der der größte Teil der nördlichen Hemispähre mit Eis bedeckt war, hat sich die globale Oberflächentemperatur „gerade mal" um 5°C erwärmt. Die Eisdecke ist durch diese Erwärmung in ganz Europa

---

25 Durch die Schwere großer Schneemassen entstandene Baumbeschädigungen

26 Pachauri, R.K. und Reisinger, A., *IPCC AR4. Observations of climate change*, S.8

27 Übersetzt von: www.taigarescue.org, *Taiga Rescue Network. Climate*

bis auf wenige Gletscher geschmolzen. Auch der momentan observierte Temperaturanstieg hat gravierende Einflüsse auf das Ökosystem des borealen Nadelwaldes, welche im Folgenden dargelegt werden.

3.2.1 *Waldsterben durch vermehrten Schädlingsbefall*

Die kaltgemäßigte Klimazone zeichnet sich wie oben erläutert durch harte Winter mit Monatsdurchschnittstemperaturen von teilweise unter -15°C aus. Dadurch haben Schädlinge während der Wintermonate eine geringe Überlebenschance und wurden in ihrer Anzahl meist stark dezimiert. Wissenschaftlichen Forschungen zufolge werden die meisten Schädlinge jedoch erst „durch mehrtägige oder gar längere Kälteperioden von -35 bis -40°C"[28] ausgelöscht. In der jüngeren Vergangenheit werden diese Temperaturextrema aber aufgrund der globalen Erwärmung nur noch selten erreicht, und die Schädlinge und deren Larven überdauern den Winter zahlreicher als je zuvor. Der wichtigste und einflussreichste Vertreter dieser Parasiten ist der Borkenkäfer, der nur eine Größe von etwa 6 Millimetern erreicht und den Baum zwischen der Rinde und dem Stammholz bewohnt. Im Sommer bohrt das Weibchen sich durch die Borke und deponiert dort zwischen 10 und 150

Abbildung 3: Wald mit Borkenkäferbefall

Eiern. Im Regelfall sucht sich der Borkenkäfer als Nist- und Fressplatz vom Wind umgeworfene tote, oder möglichst schwache Bäume. Da die Klimabedingungen sich jedoch zu seinen Gunsten entwickelt haben und sich seine Population derzeit rapide vergrößert, übersteigt der Nahrungsbedarf das Totholz und die Käfer springen großflächig auch auf gesunde Bestände über. Dazu kommt, dass durch die in 3.1 genannten Stressfaktoren mehr und mehr Bäume geschwächt sind und somit weniger Resistenz gegenüber den Parasiten aufweisen. Die Käfer und ihre Larven schädigen den Baum, indem sie sich in das Gewebe hinein fressen und so die Leitungen für den Wasser- und Nährstofftransport zerstören. Infolgedessen leiden die Bäume dann zum Beispiel unter Magnesiummangel, färben sich zunächst rostbraun (Abb.3) und verdorren bald darauf,

---

28 www.nzz.ch, *Borkenkäferplage an Kanadas Westküste*

wegen eines Pilzes den der Borkenkäfer hinterlässt, zu toten, grauen Baumleichen. So wurde seit Mitte der 1970er Jahre über eine Million Acre[29] Nadelwald auf der Kenai-Peninsula in Alaska durch den Spruce Bark Beetle (Fichtenborkenkäfer) ausgelöscht, was 50% der bewaldeten Fläche der Halbinsel entspricht[30]. Die „Division of Forestry" in Alaska schätzt die Verluste an Bauholz durch Borkenkäferbefall in den letzten 25 Jahren auf über 4,7 Millionen Kubikmeter.

3.2.2 *Auftauen des Permafrostbodens*

„Von Permafrost sprechen Forscher, sobald die Temperatur eines Bodenmaterials [in beliebiger Tiefe] mindestens zwei aufeinanderfolgende Jahre lang unter 0 Grad Celsius lag"[31]. Zwei Drittel des borealen Waldlandes stehen auf Permafrostboden, der nur wenige Meter, oder wie in Sibirien bis zu 1400 Meter in die Tiefe reichen kann. Die Einflussfaktoren auf den Boden sind ein hochkomplexes Wirkungsgeflecht, abhängig von der Energiebilanz der Oberfläche, der Wärmekapazität und -leitfähigkeit des Bodens, der Vegetation, der Schneebedeckung und dem Grundwasser und den Gewässern der Umgebung. Das Wirkungsgefüge und das Maß der wechselseitigen Abhängig-

Abbildung 4: „Betrunkener Wald" durch auftauenden Permafrostboden

---

29 Das entspricht mehr als 4000 Quadratkilometern
30 http://forestry.alaska.gov, *Department of Natural Resources. Spruce Bark Beetle Facts*
31 www.weltderphysik.de, *Welt der Physik. Wenn der Permafrost taut*

keiten ist bisher unzureichend erforscht und soll hier deswegen nicht weiter ausgeführt werden. Die oberste Schicht taut für gewöhnlich in Frühjahr und Sommer 0,5 bis 1 Meter auf. Durch die Erderwärmung droht ein wesentlich tiefer reichendes Auftauen des Dauerfrostbodens, welches über diese Schicht hinausgeht. Außerdem verschiebt sich die gesamte Permafrostgrenze in Richtung Norden, was zum vollständigen Verschwinden des Dauerfrostbodens in den südlicheren Regionen führt. Diese Entwicklung bringt flächendeckende Versumpfungen mit sich, die das Wachstum neuer Baumbestände einschränken oder zum Absterben bestehender Wälder führen können. Zudem kommt es beim Schmelzen von Erde mit relativ hohem Eisanteil zur Bildung von Hohlräumen, die durch das Absickern des Schmelzwassers entstehen. Der Waldboden in dem die Wurzeln verankert sind, sinkt ab, was die Entstehung von Bodenwellen zur Folge hat. Die Bäume verlieren ihre Stabilität und neigen sich in verschiedene Richtungen. Das Auftreten dieses Phänomens wird als „betrunkener Wald" bezeichnet (Abb.4). Indirekten Beitrag zur Zerstörung des borealen Nadelwaldes leistet das Tauen des Permafrostbodens weiterhin insofern, dass dadurch enorme Mengen organisch gebundenen Kohlenstoffs, die sich in diesem Boden „tiefgekühlt" befanden nun für den Abbau durch Mikroorganismen verfügbar werden. Das heißt die mikrobiologisch aktive Schicht vergrößert sich

Rückkopplung durch Permafrost

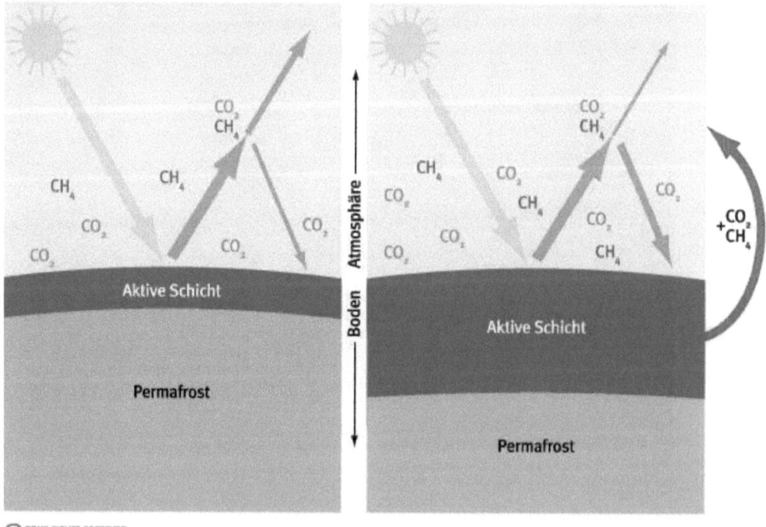

Abbildung 5: Positive Klimarückkopplung durch das Auftauen des Permafrostbodens

und setzt mehr Kohlendioxid und Methan frei. „Man schätzt, dass im Permafrost der Landflächen 1672 Gigatonnen organischer Kohlenstoff gespeichert sind. Das ist mehr als doppelt so viel Kohlenstoff, wie die gesamte Vegetation der Erde enthält. Selbst wenn nur ein kleiner Teil dieses Vorrats freigesetzt würde, stiege der atmosphärische Kohlenstoffgehalt - in gebundener Form, das heißt als Methan oder Kohlendioxid - signifikant an"[32]. Diese beiden Treibhausgase lösen eine Verstärkung des Treibhauseffekts aus, was wiederum ein schnelleres Auftauen des Permafrostbodens und somit eine Vergrößerung der aktiven Schicht verursacht. Es liegt also eine positive Klimarückkopplung vor (Abb.5).

3.2.3 *Waldbrände*

„Die Wälder brennen weiter - niemand weiß, welches Ausmaß der wirtschaftliche Schaden erreichen wird"[33]. Dies sind Nachrichten aus Russland vom August 2010, die in ähnlicher Art über die letzten Jahrzehnte hinweg in ihrer Häufigkeit drastisch zugenommen haben. Ein gewisses Maß an Waldbränden ist für den natürlichen Regenerationszyklus des Waldes von Nöten, um die Humusschicht wieder mit neuen Nährstoffen anzureichern, die wegen der niedrigen mikrobiologischen Tätigkeit der Bodenorganismen sonst oft nur mangelhaft vorhanden sind. Zudem existieren Bäume, wie die Kiefer, die

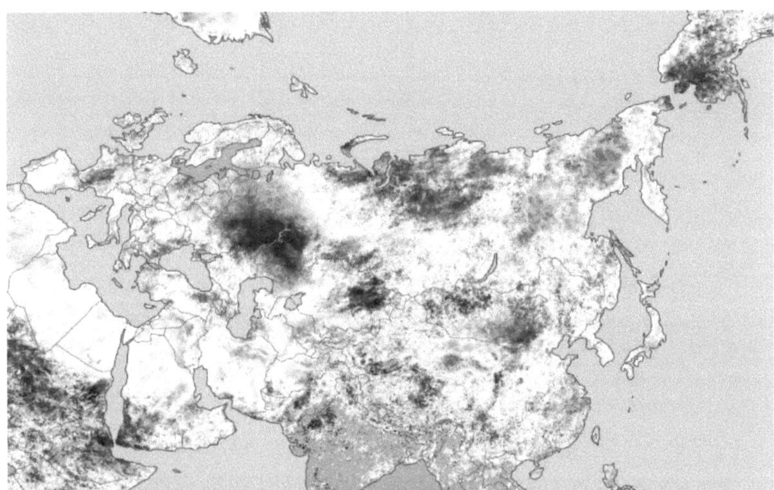

Abbildung 6: Temperaturabweichungen im Vergleich zum Vorjahr (rot = heißer)

---

32 Ebd.
33 www.spiegel.de, *Spiegel. Putins Fegefeuer*

erst bei Hitze ihre Zapfen öffnen und so die Samen für die nächste Waldgeneration auswerfen können. Der boreale Nadelwald wird durch die globale Erwärmung jedoch zu anfällig für Waldbrände. Dies hängt damit zusammen, dass die Wälder, während der heißer werdenden Sommer größere Mengen an Wasser verdunsten, was durch den in 3.1 erläuterten Stressfaktor „saurer Regen" noch intensiviert wird. Die vorherrschende Trockenheit erhöht die Wahrscheinlichkeit, dass zum Beispiel ein Blitzschlag verdorrte Bäume, die Streuschicht oder die Rentierflechte, die in einigen Teilen der Taiga den Boden bedeckt, sofort entzündet. In den Regionen Russlands, in denen Ende Juli 2010 auf insgesamt 7600 Quadratkilometern[34] Fläche zahlreiche Feuer ausbrachen, waren zuvor extreme Hitzeerscheinungen verzeichnet worden. Die Karte (Abb.6) belegt, dass diese sich in Temperaturunterschieden von bis zu +12°C im Vergleich zu den selben Tagen der Vorjahre äußerten. Auch in Kanada hat die Feuerfrequenz deutlich zugenommen. Jedes Jahr brennen dort knapp 8 Millionen Hektar Wald ab, eine Fläche die vier Fünftel der deutschen Waldfläche entspricht. Zusätzlich weiten sich die Feuer zunehmend von harmloseren Bodenfeuern auf großflächige Kronenbrände aus, deren Ausmaß an Zerstörung wesentlich größer ist. „Wissenschaftlern zufolge hat sich die Feuerintensität im borealen Wald Nordamerikas von 1970 bis 1990 verdoppelt"[35]. Die enorme Menge an Kohlenstoffdioxid die durch das Verbrennen organischen Materials freigesetzt wird, führt wiederum zu einer positiven Rückkopplung mit dem Klima.

3.2.4 *Migration*

Durch die Klimaerwärmung wird es bis Mitte oder Ende des Jahrhunderts zu einer Verschiebung der borealen Zone „um einige 100 Kilometer nach Norden kommen. Da sich die Südgrenze weiter nordwärts verlagern wird als die Nordgrenze in die Tundra hinein, ist mit einem Flächenverlust der borealen Nadelwälder von etwa 30% zu rechnen"[36]. Die Südgrenze verschiebt sich nordwärts, da sich die Wälder dem Klimawandel nicht unmittelbar anpassen können, sodass es vor allem wegen des zunehmenden Trockenstresses zu einem verstärkten Waldsterben kommt. Die Nordgrenze wäre bei einer konservativen Einschätzung des Temperaturanstiegs um 2°C im nächsten Jahrhundert gezwungen sich um etwa 1,5 bis 5,5 Kilometer pro Jahr nach Norden zu bewegen. Wälder sind aber generell nur in der Lage mit einer viel langsameren Geschwindigkeit von

---

34 www.spiegel.de, *Spiegel. Extremhitze als Grundlage für Waldbrände*
35 Salge, O., *Global Warming and the Degradation of Canada's Boreal Forest*, S.2
36 Treter, U., *Boreale Nadelwälder. Einfluss zukünftiger Klimaveränderungen*, S.9f

0,02 bis 2 Kilometer pro Jahr zu migrieren[37]. Eine solche Entwicklung wird auch ein beschleunigtes Artensterben zur Folge haben, da Tiere, die wegen der Erwärmung nach Norden migrieren, wegen der langsameren Migration der Pflanzen nicht mehr ihre Nahrung oder ihr Nestbaumaterial vorfinden[38].

3.3 Abholzung

Das größte Problem, dem die Zone des borealen Nadelwaldes ausgesetzt ist, stellt die Abholzung und industrielle Nutzung durch den Menschen dar. Die borealen Länder Schweden, Finnland, Kanada, Alaska und Russland stellen nur kleine Bruchteile ihrer natürlichen Waldbestände unter Naturschutz und beuten viele Gebiete mit höherer Geschwindigkeit aus, als das in den tropischen Regenwäldern der Fall ist. Schweden und Finnland haben nur noch weniger als 5% ihres ursprünglichen Urwaldes erhalten. Weil der weltweite Konsum und Energiebedarf enorm zugenommen hat und somit die Nachfrage nach Holz rapide steigt, sind Raubbau und unnachhaltige Forstwirtschaft sehr lukrativ und profitabel geworden. Der größte Teil des Holzeinschlags geht auf die Kosten der Papier- und Zellstoffindustrie die den immer noch steigenden Bedarf (Abb.7) auf den Märkten der Industrienationen deckt. „Kanadische Papier-Konzerne verdienen jährlich 1,4 Milliarden US Dollar am rücksichtslosen Kahlschlag. Und sie haben die Genehmigung der Regierung dazu"[39]. Gegenwärtig sind nur 8,1 Prozent der

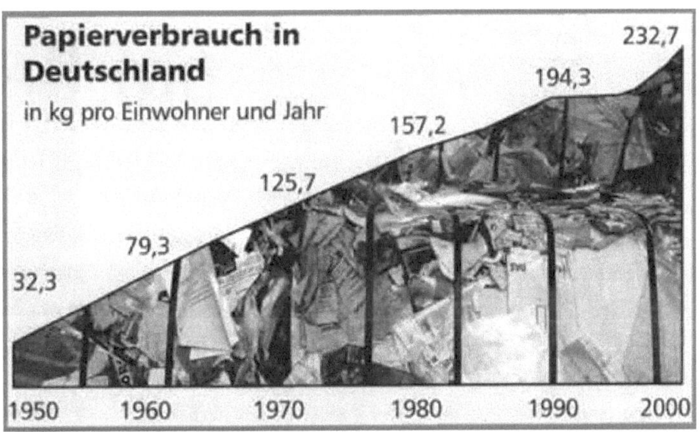

Abbildung 7: Entwicklung des deutschen Papierverbrauchs von 1950 bis 2000

37 www.taigarescue.org, *Taiga Rescue Network. Climate*
38 Salge, O., *Global Warming and the Degradation of Canada's Boreal Forest*, S.2
39 www.geographie.uni-muenchen.de, *Einführung in die Landschaftsökologie*

großen intakten Urwälder in Kanada vor industrieller Ausbeutung geschützt, während Bauholz- und Papierhersteller für über 45 Prozent des Waldes, also 154 Millionen Hektar, im Besitz von Einschlagskonzessionen sind. Deswegen werden dort jedes Jahr 900.000 Hektar Wald gefällt[40], was nahezu der vierfachen Fläche Luxemburgs entspricht. Russland verkauft seinen Wald zu billigen Preisen an Finnland, die daraus jährlich 8 Millionen Kubikmeter Holz entnehmen(Abb.8). Eine weitere Rechtfertigung für

die flächendeckende Zerstörung des Waldes sieht die Industrie in der Förderung von Ölvorkommen. In Alberta lagern auf einer Fläche von etwa 140.000 Quadratkilometern die größten Ölsandvorkommen der Erde, aus denen 174 Milliarden Barrel Öl gewonnen werden können[41].

Abbildung 8: Abholzung

Flora und Fauna werden durch die Gewinnung vollständig zerstört (Abb.14). Zuerst wird die betroffene Abbaufläche vollständig gerodet. Dann werden die Feuchtgebiete trockengelegt und die oberste Erdschicht abgetragen, da sich der Ölsand in einer Tiefe von 30 Metern befindet. Das Öl wird anschließend mit Flusswasser aus dem Erdmaterial ausgewaschen und hinterlässt hochgiftige chemische Rückstände, die teilweise versickern und den verbleibenden Wald zusätzlich belasten. Der hohe Wasserverbrauch führt zudem zu einem Frischwassermangel. Der Wald wird also ohne ökologische Rücksicht kommerziell ausgebeutet. Sowohl die Papier- und Bauholzindustrie, als auch die Ölindustrie deklarieren zwar den Naturraum durch Rekultivierungsmaßnahmen wieder aufzuforsten, diese Versprechen werden jedoch nur unzureichend umgesetzt. Zum einen erfordert die vollständige Wiederaufforstung eines Waldes viele Jahrzehnte, weil er erst dann eine ansatzweise ähnlich hohe Produktivität vorweisen kann wie zuvor. Zum anderen werden als Sekundärwald meistens Monokulturen angepflanzt, das heißt Wälder, die aus einer einzigen Baumart bestehen. Diese weisen eine verminderte Resistenz gegenüber jeglicher, in dieser Seminararbeit erwähnter Stressfaktoren auf und erreichen somit nie die gleiche Gesundheit, wie das Ökosystem eines Urwaldes.

---

40 Salge, O., *Global Warming and the Degradation of Canada's Boreal Forest*, S.3
41 www.diercke.de, *Abholzung der borealen Nadelwälder für den Ölsandabbau*

4 Fazit

Auch wenn sie aufgrund ihrer gewaltigen Größe stabil wirken mag, vollzieht sich in der borealen Region eine starke Degradation. Die Politik der Forstwirtschaft ist bisher nicht gewillt einen umfassenden Sinneswandel in Richtung ökologisch nachhaltiger, industrieller Nutzung einzuleiten. Die starke Lobby der Industrie bewirkt, dass der Wald weiterhin als reiner Nutzwald mit profitbringenden Ressourcen angesehen wird, auf die derjenige das Recht hat, der sie sich als erster zu Nutze macht. Durch das Zurückstellen ökologischer Aspekte wird jedoch nicht nur das Ökosystem des Waldes zerstört, sondern das globale System beeinflusst. Denn Wissenschaftler sind sich einig: „Wenn bis 2015 die Emission von gefährlichen Treibhausgasen nicht ihren Höhepunkt erreicht hat und dann stetig abnimmt, treten wir in ein Zeitalter ein, das von permanenten Klimakatastrophen gekennzeichnet ist. Dieses Szenario kann heute durch den Schutz der Urwälder und die massive Reduzierung der Verbrennung von Öl, Kohle und Gas noch verhindert werden"[42]. Die finanzielle Behebung der durch die Klimakatastrophen entstehenden Schäden wird somit wesentlich kostspieliger werden, als eine jetzige Eindämmung der Waldzerstörung. Wie in der Karikatur (Abb.) treffend dargestellt, schlägt der Mensch

Abbildung 9: Karikatur „Deforestation" von Mikhail Zlatkovsky

durch die Destruktion des Waldes einen systemrelevanten Stützpfeiler unserer Erde ein, ohne den sie wortwörtlich „zu Grunde geht". Eine Lösung des Problems ist deswegen so schwierig zu finden, weil den Menschen bisher kein triftiger Grund geliefert werden

---

42 Salge, O., *Global Warming and the Degradation of Canada's Boreal Forest*, S.4

kann, ihre individuellen Partikularinteressen hinter das allgemeine und nachhaltig orientierte Wohl der Gesellschaft zu stellen. Dies wird durch die folgende Aussage des sozialkritischen Schriftstellers Upton Sinclair besonders gut auf den Punkt gebracht: „It is difficult to get a man to understand something when his salary depends upon his not understanding it"[43].

Um den borealen Nadelwald und die gesamte Welt also noch retten zu können, muss das Bewusstsein des Kosmopoliten, des Weltenbürgers gestärkt werden. Da man sich aber nicht allein auf die Vernunft des Menschen verlassen kann, ist es zusätzlich notwendig international finanzielle Anreize zu setzen, sich der Nachhaltigkeit zu verschreiben. Dies kann beispielsweise durch CO_2-Zertifikate geschehen, wie es im Kyoto-Protokoll vorgeschlagen, jedoch unzureichend umgesetzt wurde. Hierbei werden Emissionskontingente an die Länder verteilt, mit denen dann gehandelt werden kann. So haben umweltfreundlichere Länder die Möglichkeit aus ihrer Nachhaltigkeit Profit zu schlagen während andere gezwungen sind Mehrkosten für ihre Umweltvergehen auf sich zu nehmen. Ein solches Modell ist jedoch schwer umzusetzen, weil manche Nationen es weiterhin „verständlicherweise" vorziehen, die borealen Nadelwälder vollkommen ungestraft herunter zu wirtschaften.

No (boreal) trees were harmed in the making of this „Seminararbeit"[44]. Diese Seminararbeit soll als Beispiel für die Möglichkeiten jedes einzelnen stehen, gegen die Abholzung der borealen Nadelwälder vorzugehen und wurde daher auf chlorfrei gebleichtem und zu 100% recyceltem Umweltpapier gedruckt.

---

43 Es ist schwierig einen Menschen dazu zu bringen etwas zu verstehen, wenn sein Gehalt davon abhängt, dass er es nicht versteht.

44 Bei der Herstellung dieser Seminararbeit sind keinerlei (boreale) Bäume zu Schaden gekommen

5 Quellenverzeichnis

5.1 Literaturverzeichnis

Müller, C., *Climate Change and Global Land-Use Patterns. Quantifying the Human Impact on the Terrestrial Biosphere*, Max-Planck-Institut Hamburg, 2007

Gebhardt, H., Glaser, R., Radtke, U., Reuber, P., *Physische Geographie und Humangeographie, Die boreale Landschaftszone*, Spektrum akademischer Verlag, 2006

Kreuzmayr, B., *Der boreale Wald :Ökosystem und Nutzungsraumdargestellt anhand aktueller Forschungsarbeiten,* Department für Geographie, Lehrstuhl für Geographie und Landschaftsökologie an der LMU, 2008

Pachauri, R.K., Reisinger, A., *Fourth Assessment Report (AR4) of the Intergovernmental Panel on Climate Change,* IPCC, Genf, 2007

Salge, O., *Greenpeace-Report: Turning up the Heat. Global Warming and the Degradation of Canada's Boreal Forest*, Greenpeace, Hamburg, 2008

Treter, U., *Rolle der borealen Nadelwälder im globalen CO_2-Haushalt. Einfluss zukünftiger Klimaveränderungen*, Geographische Rundschau 12/2000, Braunschweig

5.2 Internetquellenverzeichnis

In der Reihenfolge ihres Auftretens in der Arbeit:

http://www.agu.org/pubs/crossref/2001.../1999GB001232.shtml, *Global Biogeochemical Cycles,* Zugriff am 2. Oktober 2010

http://www.uni-protokolle.de/Lexikon/%D6kosystem.html, *Ökosystem. Definition,* Zugriff am 17. September 2010

http://www.uni-protokolle.de/Lexikon/Sukzession.html, *Sukzession. Sukzession (allgemein-biologisch),* Zugriff am 17. September 2010

http://www.hamburgerbildungsserver.de/welcome.phtml?
unten=/klima/klimafolgen/oekosysteme/index.htm, Kasang, D., *Wälder. Wald und Klima,* Zugriff am 18. September 2010

http://www.bafu.admin.ch/wald/01198/01208/index.html?lang=de#sprungmarke0_1, *Trinkwasser aus dem Wald,* Zugriff am 18. September 2010

http://www.payer.de/cifor/cif0210.htm#3, *Das Ökosystem Wald. Klima,* Zugriff am 19. September 2010

http://www.hausarbeiten.de/faecher/vorschau/106930.html, *Die boreale Ökozone. Klima,* Zugriff am 24. Oktober 2010

http://www.process.vogel.de/index.cfm?pid=2995&title=Borealer_Nadelwald, *Borealer Nadelwald. Boden*, Zugriff am 19. Oktober 2010

http://www.hausarbeiten.de/faecher/vorschau/106930.html, *Die boreale Ökozone. Vegetation*, Zugriff am 24. Oktober 2010

http://www.taigarescue.org/en//index.php?sub=2&cat=39, *Taiga Rescue Network. Resource Extraction*, Zugriff am 27. Oktober 2010

http://www.seilnacht.tuttlingen.com/Lexikon/Waldster.htm, *Waldsterben, Phänomen eines kranken Waldes. Saurer Regen als vermutete Ursache für das Waldsterben*, Zugriff am 28. Oktober

http://www.uni-koblenz.de/~odsbcg/baeume97/bsterb.htm, *Waldsterben. Ursachen des Waldsterbens*, Zugriff am 28. Oktober 2010

http://www.taigarescue.org/en//index.php?sub=2&cat=40, *Taiga Rescue Network. Climate*, Zugriff am 31. Oktober 2010

http://www.nzz.ch/nachrichten/panorama/borkenkaeferplage_an_kanadas_westkueste_1.553467.html, *Borkenkäferplage an Knadas Westküste*, Zugriff am 1. November 2010

http://forestry.alaska.gov/insects/sprucebarkbeetle.htm, *Alaska Department of Natural Resources. Division of Forestry. Spruce Bark Beetle Facts*, Zugriff am 1. November 2010

http://www.weltderphysik.de/de/8374.php, *Welt der Physik. Wenn der Permafrost taut*, Zugriff am 2. November 2010

http://www.spiegel.de/spiegel/print/d-73107881.html, *Spiegel. Putins Fegefeuer*, Zugriff am 2. November 2010

http://www.spiegel.de/wissenschaft/natur/0,1518,711072,00.html, *Spiegel. Extremhitze als Grundlage für Waldbrände*, Zugriff am 2. November 2010

http://www.taigarescue.org/en//index.php?sub=2&cat=40, *Taiga Rescue Network. Climate*, Zugriff am 2. November 2010

http://www.geographie.uni-muenchen.de/department/admin/lehre/dateien//631/borealer%20Nadelwald.pdf, *Einführung in die Landschaftsökologie. Vorlesung zur speziellen Physischen Geographie*, Prof. Dr. Otfried Baume, Zugriff am 3. November 2010

http://www.diercke.de/bilder/omeda/2_2009_schleicher_aufgaben.pdf, *Abholzung der borealen Nadelwälder für den Ölsandabbau*, Zugriff am 2. November 2010

5.3 <u>Bildquellenverzeichnis</u>

http://www.naturschatz.org/waldbild/aktuell/ingmarlee/download/king_island_logging2008.jpg

http://picasaweb.google.com/lh/photo/ZWE9OajQqEnQC1r488enIw

http://jennymae.wordpress.com/2009/09/21/forest-fires/forest-fire-up-close/

Abbildung 1:
Quelle: http://www.narola.ifw-kiel.de/project-partners/project-partners

Abbildung 2:
http://141.39.208.205:16080/klimawandel/images/stories/Schulen/Athenaeum%20Stade/stade07_das_kosystem_wald_als_klimafaktor.pdf

Abbildung 4:
http://nsidc.org/frozenground/how_fg_affects_land.html

Abbildung 5:
http://www.weltderphysik.de/de/8374.php

Abbildung 6:
http://www.spiegel.de/wissenschaft/natur/0,1518,711072,00.html

Abbildung 10
http://141.39.208.205:16080/klimawandel/images/stories/Schulen/Athenaeum%20Stade/stade07_das_kosystem_wald_als_klimafaktor.pdf

Abbildung 11:
http://commons.wikimedia.org/wiki/File:Klimag%C3%BCrtel-der-erde-boreale-zone.png

Abbildung 12:
http://www.klimadiagramme.de/index_1.html

Abbildung 13:
http://www.klimadiagramme.de/pics/st_russc.html

Hier nicht genannte Bilder stammen aus den weiter oben angegebenen Internetquellen.

6 <u>Anhang</u>

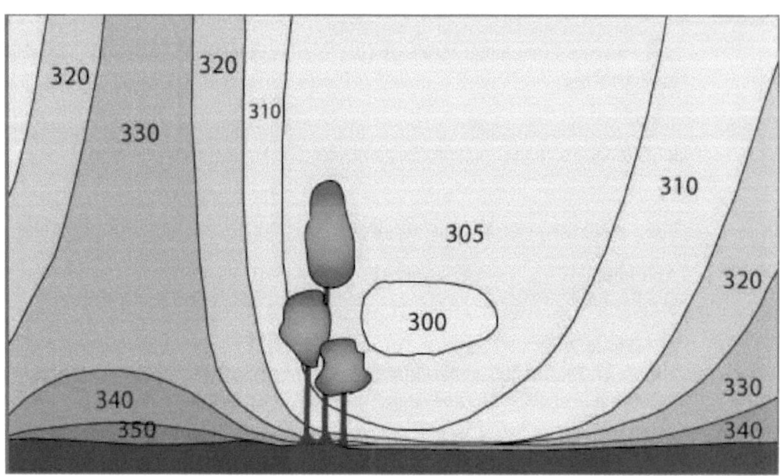

Abbildung 10: Zahlen in parts per million CO_2

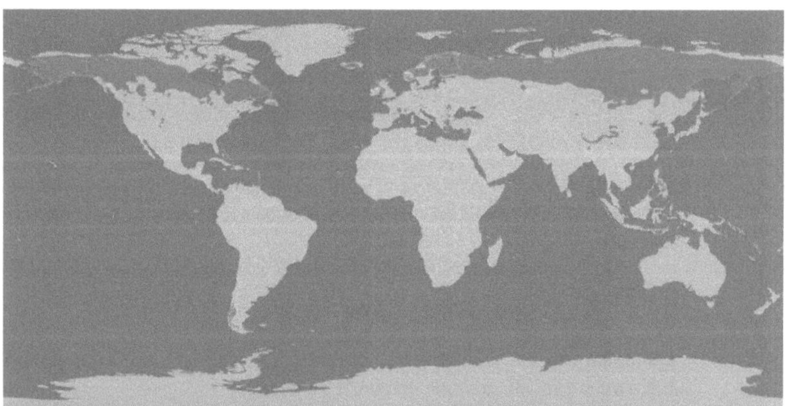

Abbildung 11: Boreale Nadelwaldzone

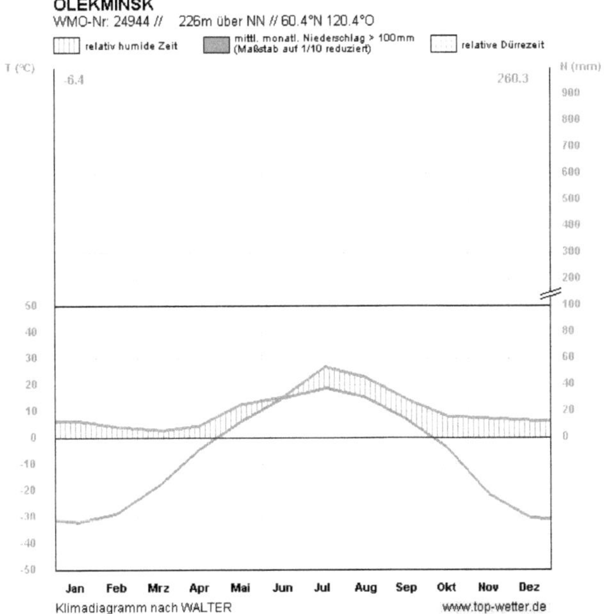

Abbildung 12: Klimadiagramm eines hochkontinentalen Ortes

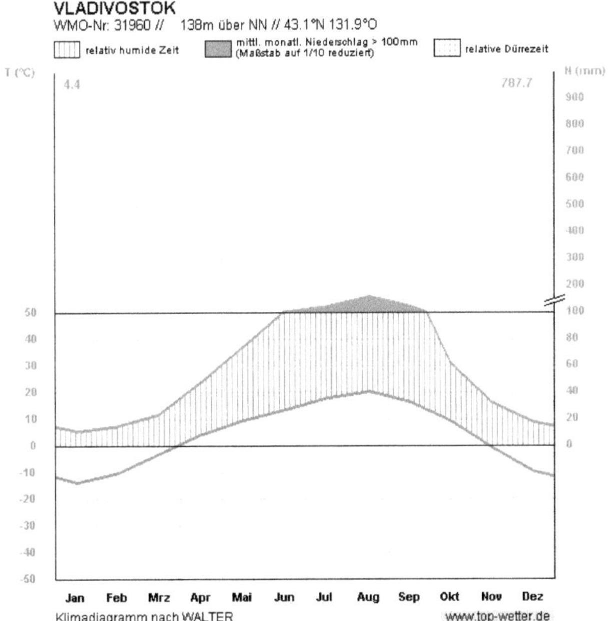

Abbildung 13: Klimadiagramm eines maritimen Ortes

Abbildung 14: Abholzung des borealen Nadelwaldes in Alberta für den Ölsandabbau